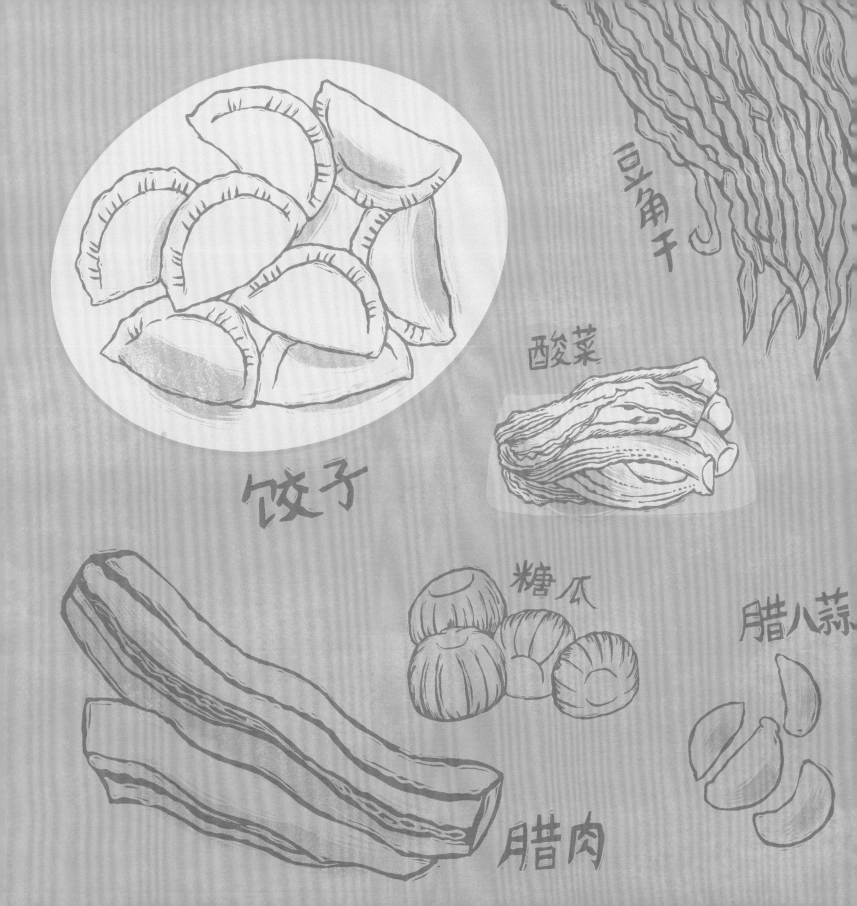

豆角干

酸菜

饺子

糖瓜

腊八蒜

腊肉

腊八粥

馄饨

酱鸭

糍粑

茄子干

图书在版编目（CIP）数据

二十四节气好味道.啃冬 / 崔岱远文；赵光宇图. -- 北京：天天出版社，2024.3

ISBN 978-7-5016-2264-1

Ⅰ.①二… Ⅱ.①崔…②赵… Ⅲ.①二十四节气 – 儿童读物②饮食 – 文化 – 中国 – 儿童读物 Ⅳ.①P462-49②TS971.2-49

中国国家版本馆CIP数据核字(2024)第035242号

责任编辑：郭 聪 郭剑楠 丁 妮　　**美术编辑：**丁 妮
责任印制：康远超 张 璞

出版发行：天天出版社有限责任公司
地址：北京市东城区东中街 42 号　　　　**邮编：**100027
市场部：010-64169902　　　**传真：**010-64169902
网址：http://www.tiantianpublishing.com
邮箱：tiantiancbs@163.com

印刷：北京鑫益晖印刷有限公司　　**经销：**全国新华书店等
开本：787×1092　1/12　　　　　**印张：**3⅔
版次：2024 年 3 月北京第 1 版　**印次：**2024 年 3 月第 1 次印刷
字数：40 千字

书号：978-7-5016-2264-1　　　　　**定价：**35.00 元

人民文学出版社
天天出版社

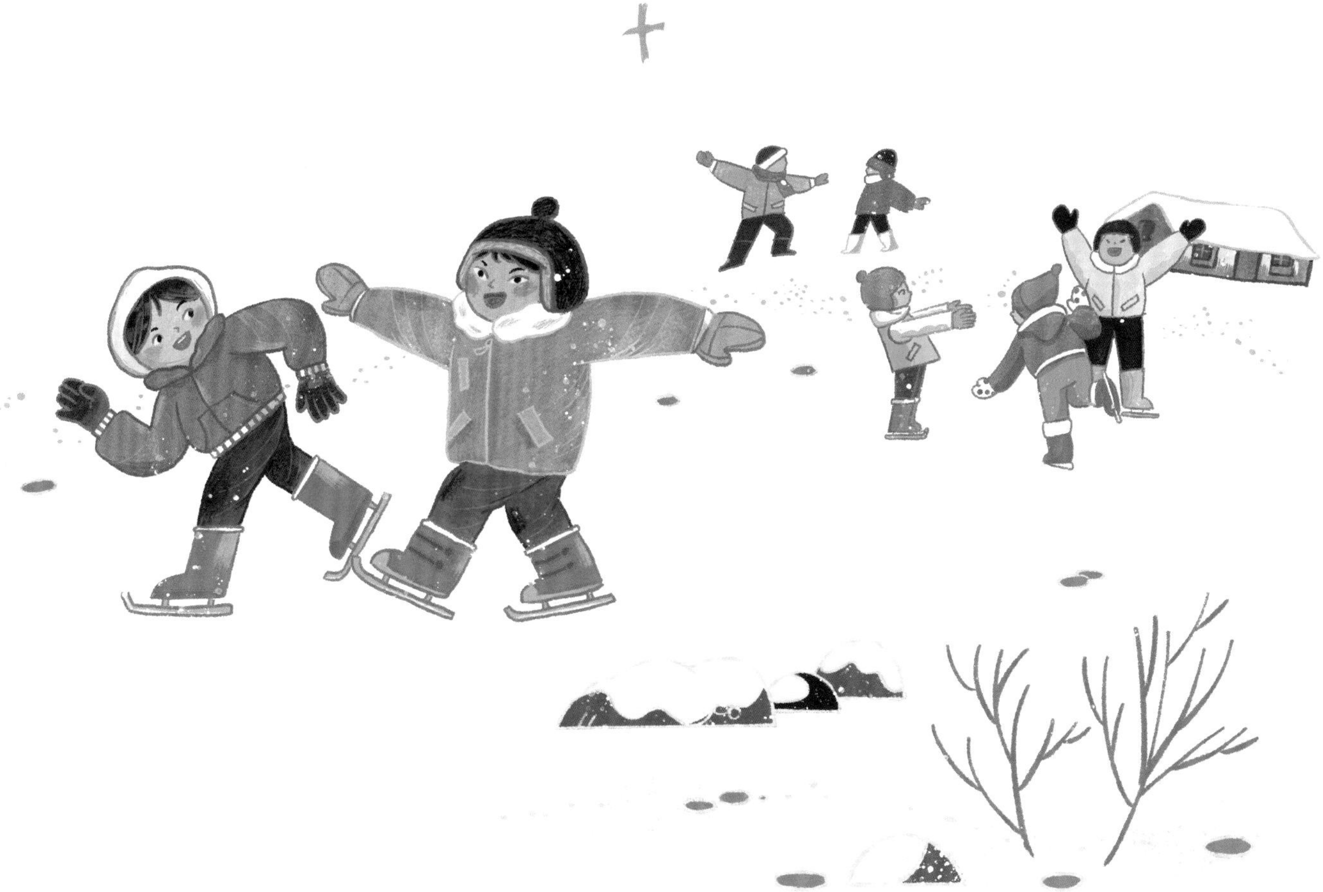

二十四节气好味道

啃冬

崔岱远 文　赵光宇 图

11月·立冬

　　立冬，是二十四节气里的"四立"之一。立冬，水开始结冰，再过些日子，大地就要上冻了。

豆角干

立，意味着开始。而"冬"，不仅代表着"终"，也有收藏万物的意思。所以，立冬不只是说天气变冷，也提醒着人们秋天收获的各种作物已经晾晒完毕，应该赶紧收藏入库了。

不仅是储存冬天吃的粮食，还有预备各种过冬的蔬菜，像豆角干、茄子干、雪里蕻……老北京还有把菠菜晾成干菜的传统，这种干菜就叫黑菜，十冬腊月里还可以包黑菜馅儿饺子。

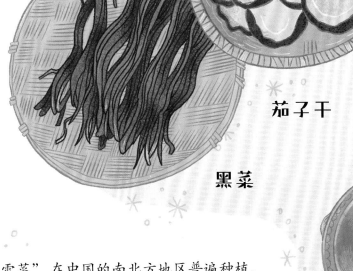

茄子干

黑菜

雪里蕻就是我们俗称的"雪菜"，在中国的南北方地区普遍种植。雪菜抗寒，在北方地区，到了秋冬季节，它的叶片部分会变红，因此，也有人叫它"雪里红"。

雪里蕻

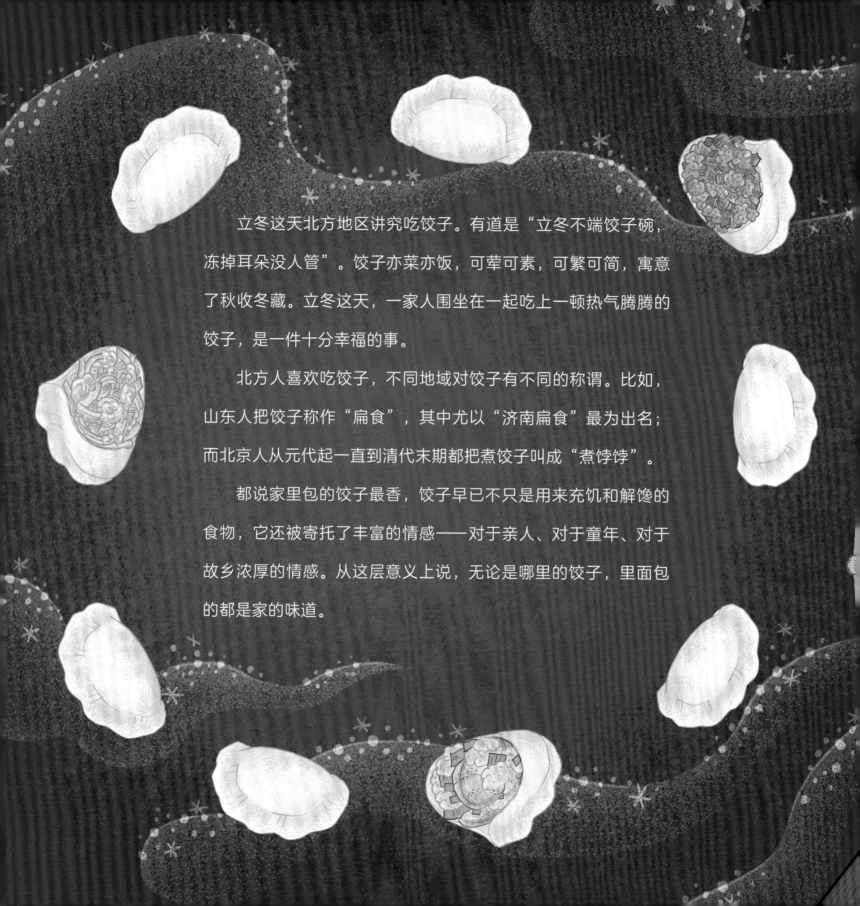

　　立冬这天北方地区讲究吃饺子。有道是"立冬不端饺子碗，冻掉耳朵没人管"。饺子亦菜亦饭，可荤可素，可繁可简，寓意了秋收冬藏。立冬这天，一家人围坐在一起吃上一顿热气腾腾的饺子，是一件十分幸福的事。

　　北方人喜欢吃饺子，不同地域对饺子有不同的称谓。比如，山东人把饺子称作"扁食"，其中尤以"济南扁食"最为出名；而北京人从元代起一直到清代末期都把煮饺子叫成"煮饽饽"。

　　都说家里包的饺子最香，饺子早已不只是用来充饥和解馋的食物，它还被寄托了丰富的情感——对于亲人、对于童年、对于故乡浓厚的情感。从这层意义上说，无论是哪里的饺子，里面包的都是家的味道。

济南扁食

煮饸饸

11月·小雪

小雪时节，天气越来越冷，北方已经进入烤火期，大自然的降水形式由雨变成了雪。不过，这里说的小雪是反映气候特征的降水量，并不是我们通常理解的降雪强度。在小雪这个节气里，同样可能飘下大片大片的雪花。

小雪时节，大地并没有冻结实，下雪的次数也不算多，地面上通常是见不到积雪的。要是小雪这天下一场雪，那可应了"瑞雪兆丰年"的俗话，来年必定有个好收成。

"小雪收葱，不收不空；萝卜白菜，收藏窖中。"这句话说的是山东地区的习俗。大葱蘸大酱，萝卜熬白菜，其中蕴含着朴实的味道。

我国南方有些地区在小雪这天讲究吃糍粑。需要把蒸熟的糯米放在青石槽子里反复捶打捣烂，这样做出来的糍粑又柔软、又细腻。人们吃糍粑的时候可以用炭火烤，叫"烧粑粑"；可以和腊肉一起炒，叫"炒粑粑"，也有在青菜汤里煮糍粑片的，叫"煮粑粑"。

在江南地区，进入小雪时节有腌制各种腊肉的风俗。小雪过后，天气寒冷干燥，气温直线下降，家家户户自己动手灌腊肠、腌腊肉，杭州一带还讲究做酱鸭。这些吃食腌好的时候，春节也就临近了，不管是招待客人还是一家人自己享用，它们都是很好的年货。

12月·大雪

寒冬是萧瑟的，连鹊鸥鸟都被冻得不再鸣叫了。然而，寒冬中也蕴含着生机，比如，

荒野里的马蔺草已经敏锐地感知大地深处萌动的春意，开始悄悄滋生新芽。

来到大雪时节，北方广大地区就进入了寒冬。要是遇到大雪封门，农闲下来的农民在家里热乎乎的炕头上盘腿一坐，嗑着瓜子，聊着家常；老爷爷给小孙子、小孙女念叨起"麦盖三床被，枕着馒头睡"；孩子们吃着雪白的馒头，最好再就上一大碗酸菜炖白肉，一家人其乐融融，盼望着瑞雪兆丰年，这就叫"猫冬"。

酸菜的做法

　　酸菜是东北人冬天的当家菜。入冬之后，家家户户都要渍上一大缸酸菜。人们把几十斤大白菜晾到打蔫儿，择去老帮子、大叶子，用刀一劈两半，下进开水锅里稍微一烫，捞出来放凉，放到刷干净的水缸或瓷坛子里码放整齐，用石头压上两天，再加上没过菜的凉开水，发酵两个星期，乳黄色的酸菜就渍好了。

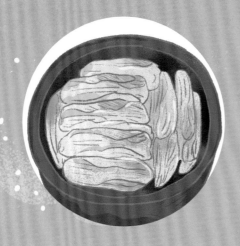 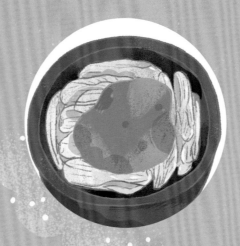 

酸 菜

　　清爽的酸菜嚼起来脆生生的，有一种独特的酵香味。东北人用酸菜熬汤汆丸子、烩血肠、炖冻豆腐，当然还可以和馅儿包饺子。窗外，漫天飘着雪花；屋里，弥漫着淡淡的酸菜香，这就是东北人家的味道。

12月·冬至

冬至时分,离开北回归线的太阳到达了最遥远的地方。整个北半球白昼最短,黑夜最长。

过了这天,太阳北归,白昼时间开始一天天地增长,所以古人也把冬至叫作"长至节"。

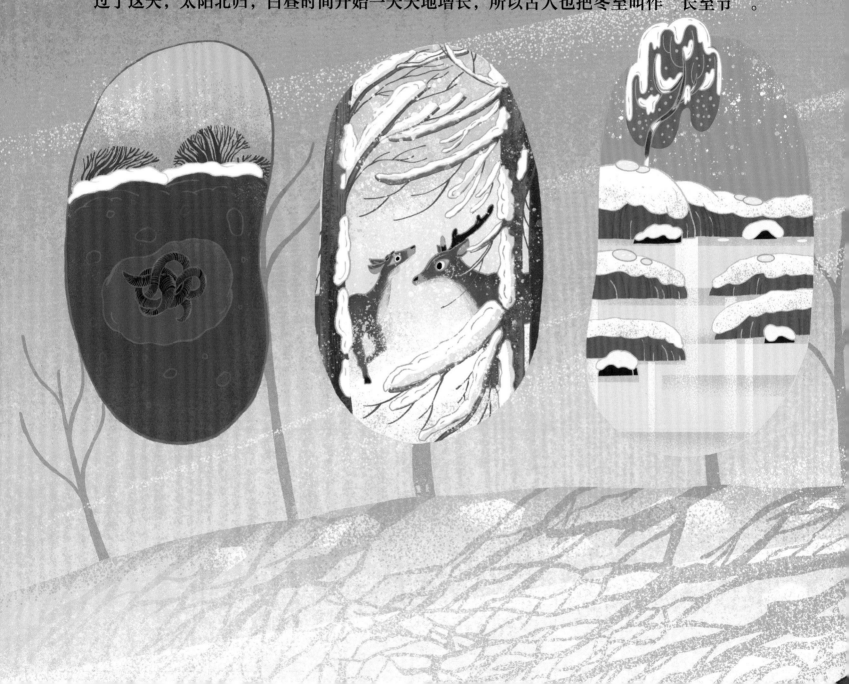

在古代，冬至是个重大的节日，被认为是阴阳转化的关键时刻，甚至有"冬至大如年"的说法。号称"天子"的皇帝要举行盛大的祭天仪式，这是"国之大典"。北京天坛公园的圜丘，就是明清两代帝王冬至祭天的场所。

"一九二九不出手，三九四九冰上走"，从冬至开始，天就数了九。喜欢玩乐的北京人在数算冬日里的九九八十一天时，并不是掰着手指头苦熬、苦盼的，而是饶有兴致地在纸上描图写字，玩一种叫"九九消寒图"的游戏。

简单的消寒图是在一张草纸上用毛笔的笔帽蘸上墨，整整齐齐地印满九行九列八十一个圆圈，每天涂上一个。讲究的人要用木刻水印的九朵素梅图，每天用红颜色描上一片花瓣，而那块把"亭前垂柳珍重待春风"九个字镶在楠木框子上的"九字文"，原本是紫禁城里专用的。人们每天描上一笔，因为每个繁体字正好都是九画，画完消寒图，冬天就过去了。

老百姓家在冬至这天有吃馄饨的习俗，寓意着咬破混沌，打开新天地。

制作馄饨时用清水和面做皮，包上菜或肉作馅儿，用水煮熟。馄饨皮和饺子皮不太一样，一般是方形，捏好之后是小巧的三角形。

	馅料	面皮	烹饪时间	吃法
馄饨				

	馅料	面皮	烹饪时间	吃法
饺子				

元宝　　　　　猫耳　　　　　金鱼　　　　　福袋　　　　　四角

馄饨和饺子都是中国非常有代表性的传统面食。馄饨的馅料一般比饺子少，馄饨皮也比饺子皮薄，因此，煮熟所需要的时间也更短。在吃法上，馄饨一般讲究"汤底"，饺子一般讲究"蘸料"。

1月·小寒

　　小寒节气里，西北风吹断了冻僵的枯枝，冰雪覆盖了沉寂的莽原，大地透出彻骨的寒意。

　　肃杀的严冬里却充满了生机：江南地区正有寒梅傲雪；在北京，家家户户窗前的水仙花已然青葱翠绿，玉蕾微张。林间的喜鹊感受到一丝春意，开始筑巢，准备孕育新的生命；稚鸡穿行在枯叶残雪间鸣叫吟唱。

俗话说："腊七、腊八，冻死寒鸭。"小寒里有个重要的节日是腊八节，泡腊八蒜、熬腊八粥，是这个节日的传统。过了腊八就是年，喝下这碗香甜的腊八粥，年就有盼头了。

过年时，一家人围坐在一起，团团圆圆地吃上一顿热气腾腾的饺子，配上一颗翠绿的腊八蒜，这是幸福的味道。

腊八粥

熬腊八粥好似一场家庭盛典，要在前一天晚上做好一切准备——淘米、泡豆、剥干果，按照老规矩要准备十八样东西。子夜时分按顺序一样一样下锅，不紧不慢地熬上一宿。到天蒙蒙亮，热腾腾的粥盛在瓷碗里，再加上一大勺红糖，不仅给家人带来一个温暖的清晨，还要端上几碗送给街坊邻居分享。

腊八蒜

把原本辣舌根的大蒜剥净了皮，用米醋腌在玻璃罐子里，等到过年的时候开封，颗颗蒜瓣就变成了碧绿的翡翠豆，酸中透辣，爽口解腻，是吃饺子时必不可少的配菜。

1月·大寒

　　大寒是二十四节气中的最后一个节气，正值农历的腊月天。农舍里，母鸡躲进鸡窝开始孵化小鸡；旷野中，冰冷的高天上盘旋着鹰隼，它们正敏锐地搜寻着残雪荒草间的猎物；湖泊、沼泽里，水已经冻到了最深处，十分坚硬、厚实。

　　大寒一过，春节就要来了。在一年中的最后一个节气，家家户户都在为即将到来的春节做准备。

　　人们首先要把屋子打扫干净，接着就要去集市上购买各种年货，如春联、灯笼、窗花等。准备好家里的东西之后，大家还要购置礼物，不管是自己用还是送亲戚朋友，都要精心挑选。

腊月二十三，俗称小年，传统的风俗要祭灶。把用麦芽糖和黄米面熬制的糖瓜敬献给灶王爷，让他"上天言好事，下界保平安"。旧时，印在纸上的灶王爷被长辈从灶台前的墙上摘下来烧了之后，上供的那盘子糖瓜就给家里的小孩子们分着吃了。孩子们一边吃还要一边唱着这样的儿歌：

小年腊月二十三，灶王爷上天糖瓜粘。

腊月二十四，轻肚儿需吃素。

腊月二十五，吃鱼为大补。

腊月二十六，备年炖大肉。

腊月二十七，快刀宰公鸡。

腊月二十八，馒头把面发。

腊月二十九，顺心多吃藕。

腊月三十过大年，大盘饺子庆团圆。

作者简介

　　崔岱远，作家、文化学者，中国作家协会会员，第十届"北京国际图书节"北京读书形象大使，第七届"书香中国·北京阅读季"金牌阅读推广人，著有《京味儿》《京味儿食足》《京范儿》《吃货辞典》《果儿小典》《一面一世界》《四合院活物记》等作品，并有日语、俄语等外文版权输出，荣获2022年俄罗斯"阅读彼得堡"最佳外国作家二等奖。

　　赵光宇，插画师。专职儿童读物插图和童书创作，曾获《儿童文学》金近奖优秀插画奖，作品入围第九届中国书籍设计展。擅长运用版画、水彩等混合技法创作。出版作品有《日月潭的传说》《野葡萄》及"黑白熊侦探社"系列、"老神仙"系列等。

豆角干

酸菜

饺子

糖瓜

腊八蒜

腊肉

腊八粥

馄饨

酱鸭

糍粑

茄子干